Ítalo Armando Pilay Ponce

Modelo de turismo rural sostenible

AF301625

Ítalo Armando Pilay Ponce

Modelo de turismo rural sostenible

Como iniciativa turística de la parroquia Puerto Cayo del Cantón Jipijapa, provincia de Manabí-Ecuador

Editorial Académica Española

Imprint

Any brand names and product names mentioned in this book are subject to trademark, brand or patent protection and are trademarks or registered trademarks of their respective holders. The use of brand names, product names, common names, trade names, product descriptions etc. even without a particular marking in this work is in no way to be construed to mean that such names may be regarded as unrestricted in respect of trademark and brand protection legislation and could thus be used by anyone.

Cover image: www.ingimage.com

Publisher:
Editorial Académica Española
is a trademark of
Dodo Books Indian Ocean Ltd. and OmniScriptum S.R.L publishing group

120 High Road, East Finchley, London, N2 9ED, United Kingdom
Str. Armeneasca 28/1, office 1, Chisinau MD-2012, Republic of Moldova, Europe
Printed at: see last page
ISBN: 978-613-9-41074-3

MODELO DE TURISMO RURAL SOSTENIBLE COMO INICIATIVA TURÍSTICA DE LA PARROQUIA PUERTO CAYO DEL CANTÓN JIPIJAPA, PROVINCIA DE MANABÍ-ECUADOR

PRESENTACIÓN

El turismo rural sostenible es una de las modalidades más demandadas por el turista hoy en día, debido a las actividades que se llevan a cabo en ella y, sobre todo, las experiencias que se obtienen mediante su realización. En el caso de estudio, la parroquia rural Puerto Cayo, posee varios atractivos turísticos que pueden ser aprovechados sostenidamente mediante esta modalidad.

Es por eso que la presente propuesta de investigación, tiene como finalidad impulsar el turismo rural sostenible como una modalidad turística complementaria aplicable en la localidad, obteniendo así un óptimo aprovechamiento sustentable del potencial turístico con el que cuenta la parroquia. De la misma forma, se busca fomentar el desarrollo turístico del lugar mediante la creación de productos, actividades y demás propuestas de turismo rural sostenible que se encuentren enmarcadas de forma estructurada en el plan de acción presentado. Por ende, esto conllevará a la creación de empleo, mejorando la situación económica, preservación de los recursos y fomentando el cuidado del ambiente natural.

Finalmente, es importante mencionar que, mediante la implementación de esta modalidad de turismo, se podrá incrementar el nivel de inversión en la parroquia, generando nuevas fuentes de empleo y una gran variedad de productos y servicios a ofertar. A demás, esto ayudará a reducir la estacionalidad de la demanda en la parroquia rural Puerto Cayo.

AGRADECIMIENTO

Agradezco sobre todas las cosas a nuestro creador y arquitecto del universo como es Dios, por haberme dotado de salud, sabiduría e inteligencia para poder llevar a cabo esta investigación que lo he realizado con mucho agrado en bien de la comunidad en general. A las autoridades de la Universidad Estatal del Sur de Manabí, Facultad de Ciencias Económicas y por ende a la Carrera de Turismo por haberme permitido ingresar en calidad de docente. Mi especial agradecimiento a la comunidad de la parroquia rural Puerto Cayo, de igual manera al Lcdo. Marcos José Gutiérrez Bravo por haber coadyuvado con el desarrollo de la misma. Es incalculable el apoyo incondicional que recibí de mi familia en todo momento. Para ellos mi imperecedera gratitud

Ítalo Armando Pilay Ponce

INTRODUCCIÓN

El turismo rural sostenible, es un elemento fundamental en el desarrollo turístico local, posicionándose como una alternativa real al tan conocido y característico turismo de sol y playa. Las circunstancias que han permitido este cambio de tendencia pueden deberse a infinidad de factores, ya sean personales, ambientales, sociales, económicos y geográficos (Gutiérrez, 2021). Además, el turismo rural visto como turismo sostenible tiene en su óptica alcanzar varios objetivos, entre los que destaca: Concienciar a la población de las oportunidades del turismo rural para la economía y el medio; trabajar en la protección del medioambiente, biótico y cultural; Contribuir a la mejora del nivel de vida de la comunidad. Según Crosby (2009), "El turismo rural tiene la capacidad de ofrecer un lujo, cada vez más necesario y que será más demandado por el resto de la población urbana para disfrute del entorno rural y natural, cuando no se haya perdido o transformado" (p.15).

Para Crosby (2009), "el turismo rural creció en el siglo XX como una reacción al creciente proceso de urbanización y a la actividad industrial. Poetas y artistas empezaron a revalorizar la vida y los paisajes rurales" (p. 23). Thomé (2008), plantea que la actividad turística rural se da en coexistencia con múltiples realidades que suceden en un mismo espacio, o en dichos términos, que el turismo no es el centro de las actividades productiva rural, ya que puede ser un motor de desarrollo, un complemento o simplemente algo puntual (p.7).

En el informe "Turismo rural en el Ecuador", elaborado por la Dra. Raquel Santos-Lacueva, en el año 2020. Determina que, en el ámbito del turismo rural, coexisten experiencias consolidadas, como las de turismo comunitario, y propuestas implantadas recientemente por el Ministerio de Turismo. De este modo, tal y como demuestra el Plan Nacional de Turismo 2030, el gobierno ecuatoriano sigue apostando por fortalecer el desarrollo turístico en las zonas rurales, con experiencias comunitarias, pero también creando nuevos productos como, la dinamización de localidades mediante la implantación del programa de Pueblos Mágicos.

Sanagustín (2018) determina que, "El turismo rural se caracteriza por el desarrollo en pequeños territorios con identidad propia que tienen una oferta extensa de difusos, no concentrados y alojamiento en pequeña escala y actividades de ocio".

La parroquia rural Puerto Cayo del cantón Jipijapa, es una localidad que cuenta con las características geográficas y socioculturales adecuadas para la realización de turismo rural sostenible, pues, se pueden realizar actividades relacionadas a esta, tan importante modalidad turística. En la que destaca uno de sus principales recursos turísticos, como lo es el bosque protector Cantagallo, donde se pueden realizar distintas actividades como: observación de flora y fauna propias del lugar y, la preparación y degustación de la auténtica gastronomía "autóctona" montubia (Gutiérrez, 2021).

Lo anteriormente expuesto evidencia las grandes posibilidades para un negocio turismo alternativo en la parroquia rural Puerto Cayo del Cantón de Jipijapa de la Provincia de Manabí. Sin embargo, ante las nuevas tendencias del turismo en el mundo, el cual se enfoca hacia las prácticas de conservación del medio ambiente y apoyo social y, una mayor concientización por parte de la población, es imprescindible que los nuevos proyectos empresariales de turismo rural conlleven una estrategia de producto basado en un concepto claro de sostenibilidad.

La parroquia rural Puerto Cayo del Cantón Jipijapa cuenta con un considerable potencial turístico, que no es aprovechado sustentablemente de forma efectiva, sin embargo, el lugar cuenta con las características y cualidades necesarias para impulsarse a través del turismo rural sostenible, pero se evidencia la falta de propuestas que hagan posible tal aprovechamiento. Por otro lado, la falta de planificación por parte de las autoridades competentes, retrasa el desarrollo turístico de la comunidad. Por aquello, es importante mencionar la importancia de contar con un plan de acción para el aprovechamiento sostenido en esta modalidad.

Esta investigación está dirigida especialmente a rescatar la identidad del pueblo montubio, con que cuenta la parroquia rural Puerto Cayo del cantón Jipijapa y posteriormente realizar la debida promoción, dentro de un concepto de empresa turística rural sostenible.

ÍNDICE

ÍNDICE DE TABLAS

I. REVISIÓN DE LITERATURA

La realización de la presente propuesta demanda del establecimiento de bases teóricas que surgen a partir de la identificación de las variables del tema de investigación, debido a esto a continuación se muestran los términos que fundamentarán a la misma.

1.1. Antecedentes

El turismo consta con varias modalidades que cada vez son más adaptables con el entorno en el que se implementa y a su vez cuentan con características específicas que son llamativas para los distintos tipos de turistas, es decir, el turismo empieza a diversificarse, creando así un sin número de posibilidades a la hora de implementar modalidades en destinos específicos, por ello, es necesario que las autoridades que están encargadas del sector turístico, abran su mentalidad, investiguen y exploren los distintos destinos con los que cuentan y a su vez crear proyectos para implementar modalidades turísticas que generen beneficios económicos, sociales y culturales a las localidades, teniendo en cuenta que la sinergia entre gestores y prestadores de servicios, crea un ambiente laboral en el que ambas partes se beneficiaran.

Mediante la revista Scielo la investigadora Mikery et al. (2014) afirma que, la integración del turismo a las actividades productivas rurales representa una estrategia para mejorar las condiciones de vida de los pobladores, sobre todo que, es necesario que las investigaciones partan de una conceptualización definida sobre los elementos que integran el turismo rural y el objetivo de éste, que guíen el análisis de potencia.

En una publicación de la revista Mendive, Darias et al. (2016). Expresa que el turismo rural necesita de la participación comunitaria para garantizar su sostenibilidad en el tiempo y el logro de sus principales objetivos: la satisfacción del cliente y el desarrollo local con un impacto positivo para la comunidad. La educación popular, la investigación, acción y participación en conjunto, mismo que hacen posible la participación directa de la comunidad en la identificación de sus necesidades, la toma de decisiones y en el diseño de posibles soluciones.

Los entornos rurales donde se desarrollan estas actividades se caracterizan por: una baja densidad de población, paisajes y territorios donde prevalece la agricultura, y estilos de vida tradicionales (OMT, 2019). La amplitud de esta definición permite incluir una gran oferta turística dentro del turismo rural. Por ejemplo, puede hablarse de ecoturismo, turismo verde, agroturismo, turismo comunitario, turismo cultural, turismo de aventura.

En agosto de 2018 el Ministerio de Turismo de Ecuador firmó un "Programa de Cooperación en Materia Turística con la Secretaría de Turismo de México", con el propósito de transferir procesos y metodologías para implementar el Programa de Desarrollo de Localidades Pueblos Mágicos de Ecuador. Esta iniciativa pretende fomentar el desarrollo local, mediante la promoción del desarrollo turístico de localidades que poseen recursos culturales y naturales singulares, y que cumplen ciertas condiciones previas que permiten el desarrollo de la actividad turística.

1.2.   Base Teórica

Turismo.

Parra Oncins (2020) establece que: "El turismo, pese a todas estas consideraciones, bajo el paradigma de una actividad sostenible, gobernada y ordenada, puede ser un potente instrumento de creación de empresas, de generación de empleo de calidad."

Ledhesma (2016) Considera que el turismo nace desde el desplazamiento de la persona, a un sitio distinto al de su residencia con fines de realizar actividades de ocio, esparcimiento o descanso. Por otro lado, el turismo abarca actividades no solamente históricas y medioambientales, sino también artística, educativas, en la cuales se ven involucrados los habitantes y visitantes en el lugar de destino.

El turismo hoy en día ha dado mucho de qué hablar, en la manera en cómo se ha venido evolucionando y las formas de realizar las actividades, además, el turismo no solo se centra en los viajeros que se desplaza de un lugar a otro ya sea por ocio, visitas a familiares o motivos de negocios. Sino también hace un papel importante para la planificación, gestión y, por ende, el desarrollo en territorios donde se prestan estos servicios y se practican dichas actividades.

Turismo Alternativo

Secretaría de Turismo de México, (2004) Afirma que el Turismo Alternativo, es el reflejo de este cambio de tendencia en el mundo, representando una nueva forma de hacer turismo, que permite al hombre un reencuentro con la naturaleza, y un reconocimiento al valor de la interacción con la cultura rural, y al mismo tiempo, una oportunidad para México de participar en el segmento con mayor crecimiento en el mercado en los últimos años.

Aguirre, Arroyo, & Navarro (2018) Por lo anterior, el turismo alternativo responde a las necesidades y expectativas de los turistas que buscan vivir nuevas experiencias, al reencontrarse con la naturaleza e interactuar con la cultura propia de la comunidad receptora. Pero este no solo busca la sustentabilidad del medio ambiente, sino un impacto positivo en el ámbito económico que conlleve a la existencia de ingresos suficientes para todos y que a su vez sea equitativa, así como el desarrollo y bienestar de la comunidad local en general.

Ibáñez & Rodríguez, 2012 Es una corriente de turismo que tiene como objetivo la realización de viajes donde el turista participa en actividades recreativas de contacto con la naturaleza y las expresiones culturales de comunidades rurales, indígenas y urbanas, respetando los patrimonios natural, cultural e histórico del lugar que visitan. Esta modalidad de turismo está conformada por actividades que en su nombre indican su característica principal: turismo cultural, turismo rural, agroturismo, ecoturismo, turismo de aventura, turismo cinegético, entre otros.

De acuerdo a lo mencionado, el turista cada vez se va acoplando a las diferentes maneras de hacer turismo, en este caso, obtendría una experiencia fenomenal de acuerdo a todo lo incluye, como conocer más el medio natural, entretenerse no solamente con actividades de flora fauna sino también, aprovechar y experimentar a todas las actividades que se realizan dentro del turismo alternativo.

Desarrollo Local

Martinez (2010) Asegura que, "El desarrollo local puede ser considerado como la materialización de un comportamiento solidario entre individuos deseosos de poner en valor sus recursos físicos y financieros. Estas acciones permiten a la población satisfacer sus necesidades ejerciendo un cierto control sobre su futuro".

Para Vicente & Morales (2005) desarrollo local es el conjunto de resultantes que se manifiestan en el mejoramiento del nivel y calidad de vida de los habitantes de una localidad a raíz de generar crecimientos sustentables a diversos niveles, que se engranan, concatenan, implican y complementan entre sí de manera estratégica, capaces de crear sinergias locales de mejoramiento que implican el cambio de las condiciones sistémicas y estructurales de la localidad, profundizándose a largo plazo en la medida en que se forma y fortalece un núcleo endógeno básico.

Según Narvaez (2014) el desarrollo local no solamente se basa de una perspectiva económica, sino también abarca dimensiones más amplias, que implica un aprovechamiento de las capacidades locales, que permiten mejorar sustancialmente las condiciones de vida de la población.

Enmarcado en los conceptos de varios autores, se define al desarrollo local como el resultado de un trabajo en sinergia entre involucrados, desarrollo que varía según el sector al que va enfocado, pero siempre manteniendo el mismo proposito, así mismo la actividad turistica tiene aspectos positivos y negativos, la forma en la que sea practicado dependera en el impacto social, cultural y natural en los diferentes destinos.

1.3. Marco Conceptual

Turismo Rural Sostenible

Según La secretaría de turismo de México (2004), el turismo rural, es la forma más natural de realizar turismo, pues, se mantiene la identidad cultural y el cuidado de las tradiciones y costumbres de las comunidades rurales.

Para Fernández (2014) El turismo rural puede entenderse como aquella práctica turística en el espacio rural que favorece la economía y la calidad de vida, a través de la oferta de aloja miento y actividades de ocio, con la presencia mediadora del habitante del medio rural, y que da a conocer al visitante una realidad viva, con toda su riqueza natural y cultural.

OMT (2019) Asegura que el turismo rural es un tipo de actividad turística en el que la experiencia del visitante está relacionada con un amplio espectro de productos vinculados por lo general con las actividades de naturaleza, la agricultura, las formas de vida y las culturas rurales, la pesca con caña y la visita a lugares de interés.

En fin, el turismo rural sostenible sigue siendo esa alternativa esencial que se enfoca en el medio rural, donde el turista puede conectarse con el ambiente natural y realizar actividades auténticas del sitio como conocer procesos en las agriculturas y las formas de vida cultural que puedan tener dichas comunidades dentro de estos sitios.

Oferta

Raffino (2020) establece que, la oferta se define como, los bienes y servicios que las distintas empresas o personas pueden vender en el mercado, con el fin de las necesidades de sus usuarios o consumidores.

Oferta Turística

Socatelli (2013) define como oferta turística al conjunto de productos y servicios asociados a un determinado espacio geográfico, que tienen por objetivo, el aprovechamiento de los atractivos turísticos de dicho lugar, y cuyos vendedores pueden ofertar en el mercado a un precio y dentro de un periodo de tiempo determinado, para ser consumido por los turistas.

Para Lemos (2003) "La oferta turística es la cantidad de bienes y servicios que una empresa (o conjunto de empresas) está apta para producir y colocar en el mercado a determinado precio, con determinada calidad, en determinado lugar y por determinado período de tiempo"

Demanda

Según Raffino (2020) la demanda, en economía, hace referencia a la cantidad de bienes o servicios que la población adquiere, para cubrir sus necesidades o deseos. Estos bienes o servicios son muy variados, desde alimentos, medios de transporte, educación, actividades de ocio, medicamentos, entre muchas otras cosas, debido a esto se considera que prácticamente todos los seres humanos son demandantes.

Demanda Turística

Ponosso & Lohman (2012) determinan que, la demanda turística es el total de personas participantes en actividades turísticas, cuantificada como número de llegada o salidas de turistas, dinero gastado durante su estancia y otros datos estadísticos. Entre los principales factores que influyen en la demanda turística se encuentra el poder económico de los turistas, la disponibilidad de tiempo y otros factores motivadores

Socatelli (2013) presenta a la demanda turística, como el conjunto de consumidores y posibles consumidores de servicios turísticos que buscan satisfacer sus necesidades de viaje. Sean éstos los turistas, viajeros y visitantes, independientemente de las motivaciones que le animan a viajar y del lugar que visitan o planean visitar.

Plan de Acción

Para Merino (2009) un plan de acción es un tipo de plan que se enfoca en las iniciativas más transcendentales para alcanzar ciertos objetivos y metas. De esta forma, un plan de acción se establece como una guía que propone una estructura a la hora de llevar a cabo un proyecto.

Así mismo, Reyna (2020) manifiesta que, un plan de acción es una herramienta de administración o gestión, que, al implementarla, no solo favorecerá la agilización de procesos, sino también a trazar metas claras y la mejor manera de cumplirlas. Por lo que, a largo plazo, esta herramienta determina las tareas y los recursos utilizados para la realización de un plan que lleve un proyecto al objetivo propuesto.

II. METODOLOGÍA

Para la realización del trabajo investigativo, se utilizó el siguiente diseño metodológico, con el fin de cumplir con los objetivos planteados.

2.1. Métodos Teóricos

Método analítico-descriptivo

El análisis situacional del turismo en la localidad se llevó a cabo, mediante la matriz FODA, realizada a partir de una entrevista efectuada al director de turismo del Gobierno autónomo descentralizado de la parroquia rural Puerto Cayo.

Método bibliográfico

Mediante este método se analizaron distintas fuentes bibliográficas, entre ellas, el catastro turístico nacional, elaborado por el ministerio de turismo del Ecuador en el año 2020, lo que permitió determinar la oferta turística de parroquia rural Puerto Cayo. De la misma forma, este método permitió determinar la demanda turística de la parroquia rural Puerto Cayo, pues, se utilizó la investigación "Estudio de la demanda turística de la parroquia rural Puerto Cayo", realizado durante el primer trimestre del año 2020.

Método deductivo.

A través de este método, se partió de premisas generales sobre el turismo rural sostenible, para identificar las actividades turísticas rurales que se pueden desarrollar en la parroquia rural Puerto Cayo.

Método de Investigación.

El método de investigación es un proceso lógico a través del cual se obtiene el conocimiento. Según afirma Ana Beatriz Ochoa G. Es una especie de brújula en la que no se produce automáticamente el saber, pero que evita perdernos en el caos aparente de los fenómenos, aunque solo sea porque nos indica como no plantear los problemas y como no sucumbir en el embrujo de nuestros prejuicios predilectos. El método independiente del objeto al que se aplique, tiene como objetivo solucionar problemas.

Se utilizó el método de investigación descriptiva, según Hernández (2017), la define como el "Tipo de investigación que busca especificar propiedades, características y rasgos importantes de cualquier fenómeno que se analice".

El objetivo de la investigación descriptiva consiste en llegar a conocer las situaciones, costumbres y actitudes predominantes a través de la descripción exacta de las actividades, objetos, procesos y personas. Su meta no se limita a la recolección de datos, sino a la predicción e identificación de las relaciones que existen entre dos o más variables.

2.2. Técnicas de Investigación

Entre las principales técnicas de investigación utilizadas en el presente trabajo, tenemos las siguientes:

Observación

Esta técnica facilitó la realización del análisis situacional de la localidad, debido a que se realizaron varias visitas que permitieron percibir con exactitud la realidad del turismo en la parroquia rural Puerto Cayo.

Entrevista

Se empleó esta técnica con el fin de obtener información relacionada a la situación turística que vive la parroquia, dicha información fue provista por parte del director de turismo de la localidad.

La presente investigación es de tipo descriptivo y se realizó en la parroquia rural Puerto Cayo, Cantón Jipijapa de la Provincia de Manabí, en el cual se utilizó un sondeo de mercado, que permitió medir cantidad de visitantes que llegarán a conocer y disfrutar del turismo rural sostenible, si serán extranjeros o nacionales, para de esta manera definir el público meta.

Encuesta

La encuesta, según afirma López-Roldán & Fachelli (2021), se utiliza como método de investigación donde se implican de forma coordinada múltiples técnicas específicas: el diseño de la muestra, la construcción del cuestionario, la medición y la construcción de índices y escala, la entrevista, la codificación, la organización y seguimiento del trabajo de campo. (p. 9).

Se usó la encuesta, para obtener información sobre la opinión de 30 personas del lugar, entre empresarios y profesionales del quehacer turísticos, lo cual permitió una comparación de los resultados obtenidos por diferentes vías, que se cumplimentó y permitió alcanzar una mayor precisión en la información recogida.

Muestra

La muestra, según lo indica Hernández & Carpio (2019), se define como el subconjunto del universo o una parte representativa de la población, conformada a su vez por unidades muestrales que son los elementos objetos de estudio, se apoya del muestreo como herramienta de la investigación científica que tiene como principal propósito determinar la parte de la población que se debe estudiar. (p. 76).

Se usó una muestra de 30 personas y se realizaron 3 preguntas a cada individuo, para obtener la información requerida para el objetivo de esta investigación, se aplicó como instrumento el cuestionario a empresarios y profesionales del turismo (en forma personalizada y vía telefónica), a fin de recopilar la información necesaria para dar respuesta al problema planteado. (Ver en interpretación de resultados, p. 31)

Lo que se midió con las preguntas realizadas, es el nivel de aceptación para un nuevo enfoque de turismo rural sostenible en la parroquia rural Puerto Cayo, dando como resultado positivo de 66.2 % a esta propuesta.

2.3. Fuentes de información.

Documento que aporta información para el estudio de un tema / Lugar donde procede un flujo de mensajes / En catalogación, cualquier elemento impreso que puede proporcionar la información que se busca.

Es cualquier recurso que responda a una demanda de información por parte de los usuarios, incluyendo productos y servicios de información, personas o red de personas, programas de computadora, entre otros. (Curso ha-2077 módulo III)

Según afirma (María Dolores Ayuso) "Las fuentes de información y la bibliografía elaboran informaciones ordenadas bien sea a través de referencias o documentos, sea de informaciones de documentos primarios o secundarios y nos hace disponibles y accesibles a los usuarios".

Fuentes Primarias

"Constituyen el objetivo de la investigación bibliográfica en la revisión de la literatura y ofrecen datos de primera mano" (Hernández, 2017). Según Pedro Venegas: La constituyen los datos con que el investigador cuenta para su análisis y que son producto final de su labor mediante la aplicación de alguna de las técnicas normalmente utilizadas como: la observación, la entrevista, el experimento, la aplicación de censos o encuestas, entre otros.

La información se obtuvo directamente de la fuente, con la participación de la gente de la comunidad: los dueños de fincas, empresarios turísticos, entre otros.

Fuentes Secundarias

Definida por Pedro Venegas, como toda información, sin importar su naturaleza, que el investigador ha utilizado, pero que no ha sido generado por su labor, en otras palabras, información o datos que anteceden a su trabajo, deben ser considerados como información de fuentes secundarias, ejemplo de esto son: el proceso de investigación documental, la literatura o investigaciones anteriores que sirven como punto de partida, guía o apoyo a su actual trabajo de investigación.

Se obtuvo un mínimo de información procesada como: internet, folletos, documentos bibliográficos acerca del turismo rural sostenible y trabajos de tesis y artículos afines al tema, entre otros.

III.   ANÁLISIS Y TABULACIÓN DE RESULTADOS

Objetivo 1: Análisis situacional del turismo en la parroquia rural Puerto Cayo.

Mediante la entrevista realizada al director de turismo de la parroquia rural Puerto Cayo (Ver Anexo.1) y constantes visitas realizadas al lugar, se obtuvo información de suma importancia en referencia a la situación turística que vive la parroquia en la actualidad, lo que permitió la realización de la presente matriz FODA.

Tabla 1. Análisis FODA

ANÁLISIS FODA	
Fortalezas	**Oportunidades**
•El lugar cuenta con las características y cualidades necesarias para la aplicabilidad de propuestas de turismo rural sostenible. •Alto potencial para la realización de actividades turísticas rurales sostenibles. •Ubicación geográfica y clima favorable. •Cercanía a grandes ciudades fuertemente económicas y sobre todo a puertos y aeropuertos internacionales (Manta, Guayaquil)	•Creación de convenios estratégicos con operadores turísticos externos a la parroquia que permitan la llegada de nuevos visitantes. •Corta distancia entre los recursos turísticos. (Favorecerá la creación de rutas, circuitos turísticos y demás). •Posible posicionamiento como uno de los destinos rurales más importantes del sur de Manabí.
Debilidades	**Amenazas**

•Escaza operación turística en la parroquia. •Poco aprovechamiento del potencial turístico rural. •Estacionalidad de la demanda. •Nulo profesionalismo en los gestores de la actividad turística en el lugar. •Falta de innovación de servicios turísticos.	•Cercanía con otros destinos potenciales, como: Puerto López (Agua Blanca), Manta (Pacoche) •Escaso conocimiento por parte de los viajeros acerca de los sitios de interés turístico.

Fuente: *Entrevista al director del Departamento de Turismo del GAD parroquial de Puerto Cayo y trabajo de campo*
Elaboración: *Marcos José Gutiérrez Bravo*

Objetivo 2: Oferta y demanda turística de la parroquia rural Puerto Cayo.

3.1. Recursos turísticos de la parroquia rural Puerto Cayo.

Tabla 2. Bosque protector Cantagallo.

Bosque protector Cantagallo	
Categoría:	Atractivos Naturales
Tipo:	Bosque
Subtipo:	Bosque de transición

Fotografía:

Descripción del atractivo: La vegetación predominante es el bosque seco y húmedo con especies como Ceibo, Fernán Sánchez, Dormilón, Acacia, Balsa, Laurel, Guachapilí, Porotillo. Les visitan de manera permanente los monos aulladores (Alouatta palliata), una especie de mono que emite un característico aullido que se puede escuchar a 8 kilómetros de distancia.

Fuente: PDOT 2015-2019
Elaboración: Marcos José Gutiérrez Bravo

Tabla 3. Bosque Olina.

Bosque Olina	
Categoría:	Atractivos Naturales
Tipo:	Bosque
Subtipo:	Húmedo Tropical

Descripción del atractivo: Es un bosque húmedo de garúa, con fauna y flora muy rica, hay un estero colector natural hídrico llamado "El Chorrillo" que recoge a lo largo de la montaña el agua de la parte superior, que es producto de la neblina que cubre la vegetación superior y, que se filtra a los colectores secundarios. Este bosque atractivo está compuesto por vegetación de árboles, arbustos y rastreros, productos de siembra de montículos y pastizales, con árboles que llegan a medir hasta los 25m. Variedad de bromelias y helechos.

Fuente: PDOT 2015-2019
Elaboración: Marcos José Gutiérrez Bravo

Esccultura de piedra pre-hispánica de EL Barro-Cantagallo	
Categoría:	Atractivo Cultural
Tipo:	Arquitectura
Subtipo:	Área arqueológica
Fotografía:	

Descripción del atractivo: El atractivo a pesar del abandono, intemperismo y modificaciones naturales, la traza general del plan de la estructura no ha sido modificada en si se trata de piedras sobrepuestas, de tamaño, peso y formas variables, aunque de materiales variados (areniscas,conglomerados calcáreos), dispuestas longitudinalmente formando "muros" tipo "gaviones", semejante a las del sitio Agua Blanca, estilo Manteño.

Fuente: PDOT 2015-2019
Elaboración: Marcos José Gutiérrez Bravo

<h3 align="center">Tabla 5. Cabuyeros de Manantial.</h3>

Cabuyeros de Manantial	
Categoría:	Atractivo Cultural
Tipo:	Acervo popular y cultural
Subtipo:	Artesanías y artes
Fotografía:	

Descripción del atractivo: En el sitio Manantiales aún se cosecha la planta nativa "cabuya" donde después de un proceso de descortezamiento, lavado y secado se forman lotes que son apilamiento y posteriormente su venta. Sin embargo, en la actualidad la transformación en cuerdas y tejidos ha desaparecido, solo cosechan, descortezan y venden el bulto a artesanos de Montecristi a dos dólares el quintal. Estas artesanías se usan como cordeles y tejidos.

Fuente: PDOT 2015-2019
Elaboración: Marcos José Gutiérrez Bravo

Tabla 6. Playa de Puerto Cayo

Playa de Puerto Cayo	
Categoría:	Atractivos Naturales
Tipo:	Costas o Litorales
Subtipo:	Playa
Fotografía:	

Descripción del atractivo: La playa de Puerto Cayo, actualmente es una de las playas más bellas y exclusivas del Ecuador, con una extensión total de 12 kilómetros de arena blanca y dunas con limite en el cabo San José, su ubicación geográfica le hace poseedor de un clima agradable todo el año, por no hablar de ser uno de los lugares más privilegiados para la observación de ballenas entre los meses de junio a septiembre.

Fuente: *PDOT 2015-2019*
Elaboración: *Marcos José Gutiérrez Bravo*

Tabla 7. Islote Pedernales.

Islote Pedernales	
Categoría:	Atractivos Naturales
Tipo:	Tierras Insulares
Subtipo:	Islote
Fotografía:	

Descripción del atractivo: Esta formación rocosa de origen volcánico se encuentra rodeada de bruscos acantilados y un hermoso mar turquesa debido a la enorme cantidad de coral blanco con la que cuenta su fondo marino, por otro lado, su superficie cubierta por bosque seco tropical sirve de hábitat para varias especies de aves, tales como: pelícanos, una pequeña colonia de piqueros patas azules y fragatas.

Fuente: PDOT 2015-2019
Elaboración: Marcos José Gutiérrez Bravo

Tabla 8. Playa Boca de Cayo

Playa Boca de Cayo	
Categoría:	Atractivos Naturales
Tipo:	Costas o Litorales
Subtipo:	Playa
Fotografía:	

Descripción del atractivo: La playa de Puerto de La Boca de Cayo, se encuentra ubicada en la zona norte de la Parroquia, cuenta con manglares en las inmediaciones de la misma y una agradable corriente que hacen de su mar muy calmado para los bañistas.

Fuente: PDOT 2015-2019
Elaboración: Marcos José Gutiérrez Bravo

3.2. Planta turística de la parroquia rural Puerto Cayo.

Tabla 9. Sueños del mar

Nombre de establecimiento	Clasificación	Categoría	Habitaciones	Camas	Plazas
Sueños del mar	Hostería	Tercera	31	93	93

Contacto:

Teléfono: 080983022

Fuente: Catastro turístico nacional 2020
Elaboración: Marcos José Gutiérrez Bravo

Tabla 10. La Cabaña

Nombre de establecimiento	Clasificación	Categoría	Habitaciones	Camas	Plazas
La cabaña	Hostería	Tercera	6	6	12

	Contacto:
	Teléfono: 052616030

Fuente: Catastro turístico nacional 2020
Elaboración: Marcos José Gutiérrez Bravo

Tabla 11. Sanctuary Puerto Cayo Lodge

Nombre de establecimiento	Clasificación	Categoría	Habitaciones	Camas	Plazas
Sanctuary Puerto Cayo Lodge	Hostal	3 estrellas	13	37	37

Contacto:

Celular: 0999483709

Correo: mdager@hotmail.com

Web:

www.sanctuaryecuador.com

Fuente: Catastro turístico nacional 2020
Elaboración: Marcos José Gutiérrez Bravo

Tabla 12. Cabalonga Eco-Aventure

Nombre de establecimiento	Clasificación	Categoría	Habitaciones	Camas	Plazas
Cabalonga Eco Adventure	Campamento Turístico	Categoría Unica	7	11	14

Contacto:

Teléfono: 052387149

Celular: 0995375888

Correo:

cabalongaecoadventure@gmail.com

Web: **www.cabalonga.com**

Fuente: Catastro turístico nacional 2020
Elaboración: Marcos José Gutiérrez Bravo

Tabla 13. Las Tanusas

Nombre de establecimiento	Clasificación	Categoría	Habitaciones	Camas	Plazas
Las Tanusas	Hostería	Primera	13	13	39

Contacto:

Teléfono: 023962900

Correo: info@lastanusas.com

Web: www.lastanusas.com

Fuente: *Catastro turístico nacional 2020*
Elaboración: *Marcos José Gutiérrez Bravo*

Tabla 14. Luz de Luna

Nombre de establecimiento	Clasificación	Categoría	Habitaciones	Camas	Plazas
Luz de Luna	Hostería	Segunda	33	97	120

Contacto:

Teléfono: 052616031

Fuente: *Catastro turístico nacional 2020*
Elaboración: *Marcos José Gutiérrez Bravo*

Tabla 15. Establecimientos de restauración de la parroquia rural Puerto Cayo.

Establecimiento	Clasificación	Mesas	Plazas	Dirección
Sabor criollo de Pepita	Cabaña Restaurante	7	28	Calle principal al lado de la gasolinera
Dianita	Cabaña Restaurante	10	40	Av. Guayas y Malecón
Coco Playa	Cabaña Restaurante	5	20	Av. Guayas y Malecón
Nicolle	Cabaña Restaurante	6	24	Av. Guayas y Malecón
Nicolle 2	Cabaña Restaurante	4	16	Av. Guayas y Malecón
Foca Dorada	Cabaña Restaurante	12	48	Av. Guayas y Malecón
El Gringo	Restaurante	20	80	Malecón junto al retén naval
Barandhua	Restaurante	10	40	Av. Guayas y Malecón
Don Carlos	Bar Comedor	10	40	Malecón junto a hostal Zavala´s
Capricho	Restaurante	10	40	Av. Guayas y Malecón
Margarita	Restaurante	7	28	Av. Guayas y Malecón
Katherine	Restaurante	5	20	Av. Guayas y Simón Bolívar

Fuente: Catastro turístico nacional 2020
Elaboración: Marcos José Gutiérrez Bravo

Análisis de la oferta turística de la parroquia: Los recursos turísticos de la parroquia rural Puerto Cayo, son sumamente importantes para el desarrollo turístico local, donde destacan el islote Pedernales, la playa Puerto Cayo y el bosque protector Cantagallo y, brindan aquel toque distintivo al lugar, además de contar con otros sitios de interés turístico, tales como el malecón, recientemente construido, donde podemos encontrar a lo largo de su extensión a los distintos establecimientos de restauración y alojamiento que operan en el sitio, de la misma forma, es importante mencionar que varios lugares de la localidad como las comunas Cantagallo, La Boca, Olina y Manantiales tienen las cualidades necesarias para la realización de actividades turísticas ligadas al turismo rural sostenible, modalidad turística que puede impulsar a la parroquia, mediante la propuesta de este tipo de actividades. En fin, desde bosques húmedos, a paraísos tropicales, el potencial turístico con el que cuenta la parroquia es único y debe ser aprovechado sustentablemente en el turismo.

3.3.   Demanda turística de la parroquia rural Puerto Cayo.

El presente bosquejo referente a las características de la demanda turística de la parroquia rural Puerto Cayo, se obtuvo mediante el análisis del documento "Estudio de la demanda turística de los cantones de la provincia de Manabí: caso de estudio cantón Jipijapa - parroquia rural Puerto Cayo" elaborado mediante la aplicación de encuestas a 30 personas del lugar entre empresarios y profesionales del quehacer turísticos, que se encontraban en la parroquia durante el primer trimestre del año 2024.

Tabla 16. Características del perfil del turista que visita Puerto Cayo.

Perfil del turista que visita Puerto Cayo		
Procedencia		
Manabí	197	44%
Guayas	165	37%
Santa Elena	5	1%
Pichincha	12	3%
Cotopaxi	6	1%
Otros destinos nacionales	45	10%
Argentina	4	1%
Otros destinos internacionales	16	4%
Rango Etario		
Edad	18-50	
Género		
Masculino	50%	
Femenino	45%	
LGBT	5%	
Estado Civil		
Soltero	57,33%	
Casado	27,11%	
Otro	15,56%	
Ocupación		
Comerciante	12%	
Ama de casa	12%	
Enfermera	6%	
Estudiante	26%	
Otro	44%	
Motivaciones de viaje		
Descanso	56%	
Esparcimiento	26%	
Visita a familiares/amigos	7%	
Otros motivos personales	11%	
Personas con las que viaja		
Solo	9%	
1-2 Personas	13%	
3-4 Personas	18%	
5+ Personas	60%	
Tiempo de permanencia		

Menos de 1 día		46%
1-2 días		33%
3-4 días		12%
5-6 días		9%
Factores que influyen en la visita		
Recomendaciones		31%
Cercanía con el lugar de origen		20%
Disponibilidad de tiempo		12%
Precios		11%
Interés por conocer el lugar		2%
Trabajo		13%
Visitar a familiares y amigos		2%
Conocimientos previos		0%
Diversidad de actividades		7%
Publicidad en eventos		2%
Tipos de establecimiento de alojamiento utilizados durante la estancia en el lugar		
Hotel		9%
Hostal		14%
Pensión		1%
Casa de familiares		20%
Casa o departamento propio		1%
Casa o departamento en renta		4%
Tipos de establecimiento de restauración utilizados durante la estancia en el lugar		
Cabañas		79%
Asaderos		2%
Restaurantes en hospedaje		3%
Restaurantes especializados		17%
Gasto diario apróximado por servicio		
Restauración	10 a 20	34%
	30 a 40	43%
	50 a 85	23%
Alojamiento	10 a 20	12%
	30 a 40	64%
	50 a 85	24%
Souvenirs	10 a 20	56%
	30 a 40	14%
	50 a 85	30%

Recreación	10 a 20	74%
	30 a 40	18%
	50 a 85	8%

Fuente: *Estudio de la demanda turística de los cantones de la provincia de Manabí: caso de estudio cantón Jipijapa - parroquia rural Puerto Cayo*
Elaboración: *Marcos José Gutiérrez Bravo*

Análisis del perfil del turista: En relación al lugar de procedencia de los turistas que arriban a la parroquia rural Puerto Cayo predominan los turistas manabitas con un 39%, seguido por un 28% de turistas de la provincia del Guayas, 10% de la provincia de Pichincha, 3% de las provincias de Santa Elena y Cotopaxi, mientras el 20% son turistas internacionales. Mientras tanto el rango etario se establece entre 18 a 60 años. De igual manera, el género de los mismos es, mayoritariamente masculino con un 50%, frente a un 45% femenino, y en menor proporción el segmento LGBT con un 5% lo que demuestra que el sitio no es muy concurrido por este último mencionado. Siguiendo con el estado civil, donde: el 57,33% es soltero, el 27,11% casado y 15,56% correspondiente a personas divorciadas, viudas entre otros. En referencia a la ocupación, tenemos comerciantes con un 12%, amas de casa con 12%, enfermeras con 6% y otras profesiones con un 70%. Las motivaciones de viaje presentadas por los viajeros, son mayoritariamente, descanso, con un porcentaje de 56%, seguido de esparcimiento con 26%, visitas a familiares y amigos con 9% y otros motivos personales con 9%. También se demuestra que, los turistas viajan en compañía de más de cinco personas con un porcentaje total de 60% y el 40% viaja solo. A su vez los días de estancia en el lugar se establecen de la siguiente manera: 46% de personas que se quedan menos de un día, seguidos de 33% quienes permanecen entre 1-2 días, 12% entre 3-4 días y 9% 5-6 días. Siguiendo con los factores que influyen en la visita, tenemos a recomendaciones (Boca a boca) con 51% como porcentaje dominante, seguido de la cercanía con el lugar de origen con 34% y en la medida menor a publicidad en eventos con un 15%. Se identificó que la mayoría (53%) de los turistas que arriban al lugar, pernoctan en casa de sus familiares, mientras el establecimiento de alojamiento mayormente usado, son los Hostales, con un 47%. Simultáneamente los establecimientos de restauración más transcurridos son las cabañas con un 79% y el 21% en otros establecimientos y, por último, el gasto diario aproximado por servicio, se determina de la siguiente manera: En servicios de restauración, el promedio de gasto dominante es de 30-40 $ con 43%, en servicios de alojamiento de la misma forma destaca el gasto entre 30-40 $ con 64%, en souvenirs 56% de gasto entre 10-20 $ y en servicios de recreación, el gasto mayor es de 10-20 $ con un porcentaje de 74%.

Objetivo 3: Actividades turísticas rurales que se pueden desarrollar en la parroquia Puerto Cayo.

En la siguiente tabla, se proponen actividades enlazadas al turismo rural sostenible que se pueden realizar en varias de las comunidades de la parroquia rural Puerto Cayo, tomando en cuenta las características propias con las que estas cuentan y que facilitan la realización de dichas actividades, permitiendo así, potencializar el turismo en la parroquia Puerto Cayo por medio del turismo rural sostenible como modalidad aplicable para el desarrollo turístico.

Tabla 17. Actividades enlazadas al turismo rural sostenible

Actividad	Sitio donde se puede realizar la actividad	Descripción de la actividad
Etnoturismo	Comunidades: La Boca de Cayo, Olina, Cantagallo y Manantial.	Actividad turística realizada con la finalidad de aprender costumbres y tradiciones de una determinada cultura.
Preparación y degustación de gastronomía tradicional	Comunidades: Olina y Cantagallo	Esta actividad turística busca que el turista aprenda la preparación ancestral y degustar de la variedad gastronómica del lugar.
Agroturismo	Comunidades: La Boca de Cayo, Olina, Cantagallo y Manantial.	Mediante esta actividad, el turista tiene la oportunidad de experimentar las prácticas de ganadería, cultivos agrícolas y la forma de vida, que tienen los habitantes de estas comunidades rurales.
Vivencias místicas	Comunidades: Olina y Cantagallo	La presente actividad ofrece la oportunidad de conocer la riqueza de las creencias y leyendas de las comunidades.
Eco Arqueología	Comunidades: El Barro-Cantagallo (Escultura de piedra prehispánica)	Se basa en el interés por conocer la relación del hombre y su medio ambiente a partir de vestigios materiales.
Preparación y uso de medicina tradicional	Comunidades: La Boca de Cayo, Olina, Cantagallo y Manantial.	Esta experiencia brinda la oportunidad de sumergirse en el mundo de la medicina tradicional que por generaciones han mantenido las comunidades rurales.
Talleres artesanales	Comunidad de Manantial (Cabuyeros)	Gracias a esta actividad los turistas aprenden el procedimiento de

		elaboración de distintos tipos de artesanías y el respectivo procesamiento que necesitan los materiales con los cuales se elaboran.
Fotografía rural	Comunidades: La Boca de Cayo, Olina, Cantagallo y Manantial.	Los turistas tienen la oportunidad de fotografiar los hermosos paisajes de estas locaciones rurales y sus bondades naturales y culturales.
Avistamiento de flora y fauna	Comunidades: Olina y Cantagallo (Observación de monos aulladores)	Esta actividad permite presenciar el entorno natural y las distintas plantas y animales que habitan en sus inmediaciones.
Paseos ecuestres	Playa de Puerto Cayo y Playa de La Boca	Bajo las respectivas medidas de prevención se brindan cabalgatas en la playa durante cortos periodos de tiempo.

Elaboración: *Marcos José Gutiérrez Bravo*

3.4.   Resultados y discusión

Elaboración de instrumentos.

En la técnica de la encuesta y muestra: se aplicó como instrumento de investigación el cuestionario, que permitió realizar preguntas a personas del lugar, entre empresarios y profesionales del quehacer turístico. En la técnica de la observación directa, se utilizó la cámara como instrumento principal.

Aplicación de instrumentos y procesos de información.

En la aplicación de técnica de la encuesta, se utilizó como instrumento el cuestionario, para lo cual se tomó una pequeña muestra de la población, para recabar información que nos permitió elaborar un breve inventario de los recursos naturales y culturales.

Se tomó como muestra a 30 personas de lugar, entre empresarios y profesionales del quehacer turístico de la parroquia rural Puerto Cayo, que permitió obtener información acerca del nivel de aceptación modelo propuesta para un nuevo enfoque de turismo rural sostenible. Para hacer más precisa la investigación se introdujo en las costumbres y la cultura de la ruralidad del sitio, donde se aplicó la técnica de la observación, para indagar, dialogar y estar en el campo de acción.

También se estudió el perfil del turista que ingresa a la parroquia rural Puerto Cayo, mediante el método de la observación directa e, investigación en ITUR Jipijapa.

Interpretación de resultados.

Para el cumplimiento de los objetivos específicos, se consideraron los resultados contenidos en los cuadros estadísticos obtenidos en las encuestas y estos se presentan de la siguiente manera:

Pregunta 1

¿Cree usted que se debe realizar una propuesta de turismo rural bajo preceptos de desarrollo sostenible que permita a los visitantes tener otra alternativa?

Tabla 18. Propuesta de turismo rural sostenible

Respuesta & total	Personas	Porcentaje
Si	29	96.6
No	1	3.4
Total	30	100

Figura 1. *Propuesta de turismo rural sostenible*

Pregunta 2

¿Cree usted que se debería realizar una promoción y desarrollar el turismo rural sostenible, en la que se logren los objetivos de un buen servicio al cliente con calidad total, sin que por ello generen alteraciones e impactos nocivos al ambiente?

Tabla 19. Promoción y desarrollar el turismo rural sostenible

Respuesta & total	Personas	Porcentaje
Si	27	90
No	3	10
Total	30	100

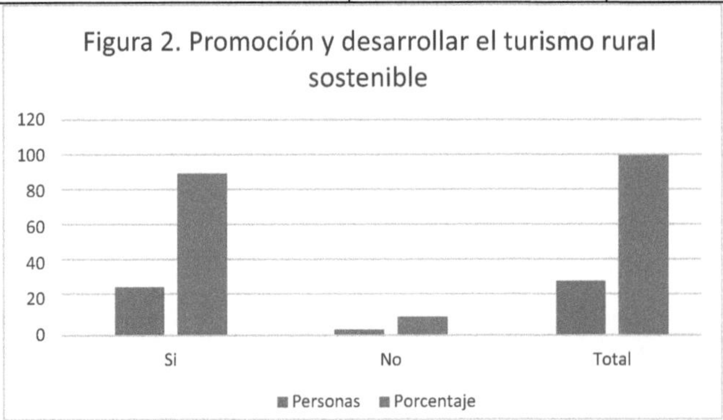

Figura 2. *Promoción y desarrollar el turismo rural sostenible*

Pregunta 3

¿Los empresarios cuentan con las herramientas necesarias (reglamentos, políticas, programas, entre otros) ? que les permita realizar una actividad turística bien orientada y canalizada hacia la satisfacción del cliente, la generación de utilidades y la protección del medio natural?

Tabla 20. Los empresarios cuentan con las herramientas necesarias

Respuesta & total	Personas	Porcentaje
Si	27	12
No	3	88
Total	30	100

***Figura 3.** Los empresarios cuentan con las herramientas necesarias*

Discusión.

A través de lo investigado para alcanzar los objetivos específicos, para el cual los resultados se obtuvieron de los cuadros estadísticos que a su vez provienen de la encuesta formuladas a los empresarios y profesionales del quehacer turísticos, nos trae a la luz que: el nivel de aceptación de la propuesta es de un 66.2 %, lo que hace pensar que la propuesta tendrá el éxito del caso para los emprendedores que deseen incursionar en esta modalidad. Por otro lado, según la estadística el 33.8 % aseguran no contar con las herramientas necesarias como reglamentos, políticas, programas, entre otros. Lo que es preocupante y existe la necesidad de trabajar en ese tema para lograr la meta propuesta.

El turismo como destino en la parroquia rural Puerto Cayo del cantón Jipijapa, se encuentra en la etapa de inicio con proyecciones a crecer en los próximos años, por su gran potencial natural, cultural, religioso, artesanal y gastronómico. La estadística indica la cantidad de turistas que visitan: al año ingresan un aproximado de 15.000, de los cuales un 80% es nacional y un 20% es internacional. En el año de 2009 según datos del Ministerio de Turismo (MINTUR) llegaron al Ecuador 968.499 turistas, que representa al 100%, de los cuales visitaron un 1,573%. La parroquia brinda al turista un contraste de lo antiguo y moderno, hospitalidad de su gente y distintos microclimas con hermosos paisajes.

IV.   CONCLUSIONES

La parroquia rural Puerto Cayo del cantón Jipijapa en la actualidad cuenta con un gran potencial turístico, permitiendo a la población una oportunidad de generar divisa por medio de esta actividad y, con productos turísticos no masivos y amigable con el ambiente.

Es necesario que los empresarios cuenten con las herramientas necesarias como políticas, programas y reglamentos. Que le permita desarrollar y orientar sobre los límites para su operación turística.

Existe la necesidad de una labor divulgativa sobre las políticas sostenibles, que le exigirá un gran esfuerzo para lo cual los empresarios turísticos de la parroquia rural Puerto Cayo, deben realizar esfuerzos mancomunados entre ellos y establecer alianzas con aquellas personas que ejercen algún tipo de influencia en el pueblo montuvio.

A pesar que la población cuenta con el potencial en cuanto a recursos turístico, naturales, gastronómicos y humanos, es necesario brindar una capacitación adecuada a todas las personas involucradas en la gestión de turismo.

Ser sostenibles no necesariamente los hará rentables. Para ello deberán desarrollar estrategias de mercadeo apropiadas de manera constante con el fin de lograr llegar al público adecuado en el menor tiempo posible y atraerlo.

En la parroquia rural Puerto Cayo del cantón Jipijapa como destino turístico está en la etapa de inicio o de introducción, por lo que es necesario insistir ante entidades públicas (como la cámara de turismo, Ministerio de turismo) para solicitar apoyo en la promoción a nivel nacional e internacional.

Esta investigación se procedió a efectuar un estudio meticuloso acerca de los orígenes de la cultura montubia aplicando métodos de investigación de acuerdo a los objetivos, dicha investigación dio como resultado que la mayor parte de las personas que se consideran montubias están de acuerdo con la propuesta.

Se determinó que la parroquia rural Puerto Cayo cuenta con un alto potencial en relación a la realización de actividades de turismo rural sostenible, pues, sus cualidades geográficas, culturales, climáticas, económicas y sociales permiten el desarrollo de un sin número de actividades enlazadas a esta modalidad, sin embargo, la falta de planificación por parte de los gestores de la actividad turística en la localidad ha impedido el desarrollo de las mismas.

Por otro lado, se identificó la oferta turística de la localidad, en donde predominan los recursos turísticos naturales, entre los más destacados y conocidos se encuentran la playa de Puerto Cayo, el islote Pedernales y el bosque protector Cantagallo, asimismo, se estableció su gran variedad de establecimientos de alojamiento y restauración. Además de distinguir el perfil del turista que visita la parroquia, en donde en su mayoría se establecen como turistas nacionales, provenientes de la provincia del Guayas, localidades aledañas de la provincia de Manabí e internacional.

Finalmente, se establece que las bondades naturales y culturales de varias localidades en la parroquia, permiten la realización de un sin número de actividades ligadas al turismo rural sostenible, pero que, debido a la poca promoción, planificación y gestión en la implementación de estas, se ha retrasado el aprovechamiento y desarrollo del turismo rural sostenible en los sitios abordados en la investigación.

V.   PROPUESTA

4.1. Título de la Propuesta

Proponer un plan de acción para el aprovechamiento del turismo rural sostenible en la parroquia rural Puerto Cayo.

4.2. Resumen de la Propuesta

La parroquia rural Puerto Cayo, cuenta con sitios de interés turístico para la realización de actividades que permitan el impulso de la localidad mediante el turismo rural sostenible. Es por eso que el presente plan de acción busca fomentar la implementación de dicha modalidad. De la misma forma se proponen productos turísticos ubicados en las distintas comunidades rurales a lo largo de la parroquia.

9.1. Misión

Promover la práctica del turismo rural sostenible, en la parroquia rural Puerto Cayo.

9.2. Visión

En el año 2027 el turismo rural sostenible será una de las principales modalidades turísticas que impulsará el desarrollo local de la parroquia rural Puerto Cayo.

9.3. Objetivo General

Estructurar el plan de acción con estrategias direccionadas a impulsar el desarrollo turístico de la parroquia Puerto Cayo mediante el turismo rural sostenible.

9.4. Objetivos Específicos

- Establecer las fases de elaboración del plan de acción para el aprovechamiento sustentable del turismo rural en la parroquia rural Puerto Cayo.

- Diseñar el plan de acción para el aprovechamiento sustentable del turismo rural sostenible en la parroquia rural Puerto Cayo.

- Crear un producto turístico rural sostenible para la parroquia rural Puerto Cayo.

## 9.5.	Alcance de la Propuesta

Mediante el diseño del presente plan de acción, se buscará fortalecer la práctica de turismo rural sostenible en la parroquia rural Puerto Cayo, así mismo, se da la iniciativa de que este estudio sea utilizado por los gestores de la actividad turística en el territorio para futuras planificaciones.

## 9.6.	Metodología del Trabajo

Objetivo específico 1 Establecer el esquema de elaboración del plan de acción para el aprovechamiento sustentable del turismo rural sostenible en la parroquia rural Puerto Cayo.

Figura 4. Esquema de elaboración del plan de acción

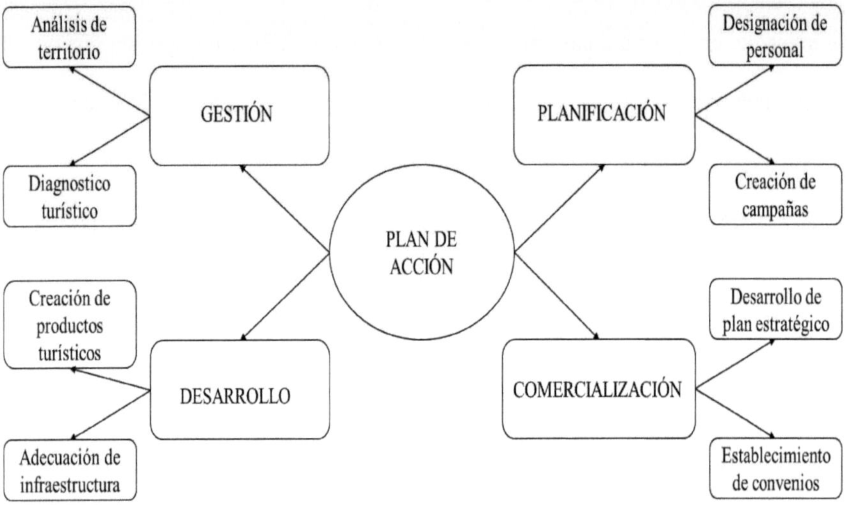

Elaboración: *Marcos José Gutiérrez Bravo.*

Mediante el presente esquema, se logró determinar las fases que estructuraran el plan de acción. El esquema está conformado por la fase de gestión, planificación, desarrollo y comercialización.

Fase 1: Gestión

Por medio de la fase de gestión se realiza un análisis de territorio para así determinar los sitios de interés turísticos y los recursos con los que cuenta la localidad, de la misma manera se ejecuta un diagnóstico turístico para determinar características necesarias para la implementación de la modalidad turística.

Fase 2: Planificación

La segunda fase es la planificación, misma en la que se designa personal para la gestión y prestación de la actividad turística, seguida de la creación de campañas de capacitación de las distintas comunidades que estarán involucradas en la actividad turística.

Fase 3: Desarrollo

La tercera fase es el desarrollo, donde se diseñará productos turísticos, manteniendo así en concepto de innovación y calidad de servicio, así también la adecuación de la infraestructura, mediante constantes evaluaciones en las diferentes instalaciones de las localidades involucradas.

Fase 4: Comercialización

En esta fase, se implementa estrategias que ayudarán a la comercialización de los productos antes elaborados, promocionando así el destino y las diferentes comunidades que prestan servicios turísticos, a su vez se realizarán convenios con instituciones involucradas en el ámbito turístico.

Objetivo específico 2 Diseñar el plan de acción para el aprovechamiento sustentable del turismo rural sostenible en la parroquia Puerto Cayo.

Tabla 21. Plan de acción para el aprovechamiento del turismo rural sostenible en la parroquia rural Puerto Cayo.

DIMENSIÓN	EJES	ACCIÓN	EJECUTOR	PERIODICIDAD
GESTIÓN	INVESTIGACIÓN	Realizar un diagnóstico del Potencial Turístico del cantón.	GAD parroquial de Puerto Cayo.	1 vez con plazo de 6 meses.
	INVESTIGACIÓN	Crear un registro sobre los lugares más visitados y otros datos de interés para el turista.	GAD parroquial de Puerto Cayo.	Mensualmente
	GESTIÓN ESTRATÉGICA	Implementar una plataforma digital donde se recopile toda la información turística del lugar para que esta se encuentre completamente disponible y accesible para los habitantes, turistas, sector privado y público en general.	GAD parroquial de Puerto Cayo.	1 vez.
PLANIFICACIÓN	GESTIÓN ESTRATÉGICA	Designar personal de acción y gestión estratégica especializados en marketing, eventos, desarrollo económico para reforzar los procedimientos competentes de la Dirección de Turismo del GAD parroquial de Puerto Cayo.	GAD parroquial de Puerto Cayo.	1 vez.

	INVESTIGACIÓN	Crear campañas de educación ambiental, para concientizar a la sociedad y mitigar los impactos negativos que la actividad turística genera en el medio natural.	MINTUR/GAD parroquial de Puerto Cayo.	Cada 3 meses.
	SENSIBILIZACIÓN EN LA ACTIVIDAD TURÍSTICA	Ejecutar programas de formación turística para los habitantes de las comunidades rurales de Puerto Cayo.	Ministerio de Turismo/GAD parroquial de Puerto Cayo/UNESUM	Cada 3 meses.
	DESARROLLO DEL TURISMO SOSTENIBLE	Implementación de un programa de sensibilización enfocado en los prestadores de servicios turísticos en temas de creación de productos ligados al turismo rural.	Ministerio de Turismo/GAD parroquial de Puerto Cayo.	Durante 2 años.
	PRODUCTO TURÍSTICO Y EXPERIENCIA	Concebir reuniones de trabajo con grupos locales y organismos pertinentes de las partes interesadas para brindar asesoramiento con el propósito de diseñar productos turísticos rurales donde se integre absolutamente el potencial turístico con el que cuenta la parroquia.	GAD parroquial de Puerto Cayo., Comunidad receptora, sector privado, consultores	Durante 6 meses.

DESARROLL O	SERVICIO Y ESTÁNDARES DE CALIDAD	Desarrollar campañas de instrucción para los servidores turísticos con el fin de aumentar sus capacidades y mejorar el nivel de atención al cliente.	Ministerio de Turismo.	Cada 2 meses.
	DESARROLLO SOSTENIBLE.	Trabajar con las comunidades rurales locales y organismos para fomentar la práctica de la herencia tradicional y las costumbres.	GAD parroquial de Puerto Cayo., Ministerio de Turismo	Durante 2 años.
	INFRAESTRU CTURA	Organización y embellecimiento de los espacios públicos.	GAD parroquial de Puerto Cayo.	Plazo de 1 año.
		Mejoramiento de la infraestructura rural existente, y su acondicionamiento para prestar servicios turísticos.	GAD parroquial de Puerto Cayo.	Plazo de 1 año.
		Señalización e identificación de los espacios rurales y sitios destinados al uso turístico.	GAD parroquial de Puerto Cayo.	Plazo de 1 año.
	SERVICIO Y ESTÁNDARES DE CALIDAD.	Elaborar constantes evaluaciones y revisiones a los servidores turísticos con el fin de mantener óptimo el nivel de la calidad del servicio.	GAD parroquial de Puerto Cayo y Ministerio de turismo.	Mensualmente.

	SERVICIO Y ESTÁNDARES DE CALIDAD.	Realizar encuestas a los turistas y visitantes para conocer el nivel de satisfacción y la calidad del servicio prestado durante su estancia en la parroquia.	GAD parroquial de Puerto Cayo.	Mensualmente.
	DESARROLLO SOSTENIBLE.	Capacitar a la comunidad en general, negocios locales, prestadores de servicios turísticos sobre la creación de modelos de actividades comerciales turísticas sostenibles.	Ministerio de Turismo, GAD parroquial de Puerto Cayo.	Cada 3 meses.
MARKETING.	MERCADEO ESTRATÉGICO.	Desarrollar un plan estratégico de marketing turístico.	GAD parroquial de Puerto Cayo.	Plazo de 3 meses.
	MERCADEO ESTRATÉGICO.	Establecer convenios con localidades vecinas, como, Puerto López, Manta, Portoviejo y Jipijapa para desarrollar en conjunto una ruta turística rural y aprovechar de manera eficiente el potencial turístico con el que cuentan.	GAD´S de los cantones Puerto López, Jipijapa, Manta y Portoviejo,	Una sola vez al año.
	SERVICIOS DE INFORMACIÓN PARA VISITANTES	Difundir al destino y sus respectivas propiedades rurales.	GAD parroquial de Puerto Cayo.	Durante 2 años.

	IMAGEN DE MARCA.	Crear una marca e identidad de la parroquia apegada al turismo rural, para que este pueda ser distinguido y reconocido a nivel nacional.	GAD parroquial de Puerto Cayo.	Una sola vez.
	EVENTOS.	Mediante la dirección de turismo del GAD, realizar expo-ferias y festivales donde se muestre la identidad y el potencial turístico rural del destino.	GAD parroquial de Puerto Cayo.	Semestralmente.

Elaboración: *Marcos José Gutiérrez Bravo.*

Objetivo específico 3 Crear un producto turístico rural para la parroquia Puerto Cayo.

El presente producto turístico se muestra como una opción al aprovechamiento sustentable de las comunidades rurales de la parroquia, cabe recalcar que está basado en las actividades propuestas en el objetivo específico número tres de esta investigación.

Elaboración: *Marcos José Gutiérrez Bravo.*

Figura 6. Producto turístico Ruta de los Bosques

Elaboración: *Marcos José Gutiérrez Bravo.*

Figura 7. Descripción del producto (Ruta de los Bosques)

Elaboración: *Marcos José Gutiérrez Bravo.*

Elaboración: *Marcos José Gutiérrez Bravo.*

Elaboración: *Marcos José Gutiérrez Bravo.*

VI. BIBLIOGRAFÍA

Acerenza, M. (2003). Gestión de marketing de destinos turísticos en el ambiente competitivo actual. Aportes y transferencias, 43-56.

Alvarez Alvarado, R. (2022). El turismo rural y el desarrollo local sostenible desde la percepción de los pobladores de la parroquia Ingapirca. Revista Publicando, 9(33), 67-86. https://doi.org/10.51528/rp.vol9.id2278 Disponible en: https://revistapublicando.org/revista/index.php/crv/article/view/2278/2503

Banco Mundial, Perspectivas económicas mundiales, junio de 2020, Washington D. C: Banco Mundial

Blain, C., Levy, S.E. Y Brent Ritchie, J.R. (2005), "Destination Branding: Insights and Practices from Destination Management Organizations", Journal of Travel Research, vol.43, 328-338.

Boullón, R. C. (1985). Planificación del espacio turístico. México D.F.: Trillas.

Butler, R. (1980). The concept of a tourist area cycle of evolution: Implications for management of resources. Toronto: Canadian Geographer.

Cooper, C. (2001). Turismo: principios e prácticas. Sao Paulo: Bookman.

Crosby, A. (2009). Re-inventando el turismo rural: Gestión y desarrollo. Re-inventando el turismo rural, 1-227.

Darias Fuertes, M., Ramírez Pérez, J., & Pérez Hernández, M. (2016). El desarrollo del turismo rural desde la concepción de la Educación

Popular. Mendive. Revista de Educación, 14(4), 308-313. Recuperado de https://mendive.upr.edu.cu/index.php/MendiveUPR/article/view/868

De La Rosa, B. (2003). La imagen turística de las regiones insulares: Las islas como paraísos. Cuadernos de turismo, 127-137.

Eby, D., L. Molnar, And L. Cai (1999), "Content Preferences for In-Vehicle Tourist Information System: An Emerging Information Source", Journal of Hospitality and Leisure Marketing 6(3), 41–58.

El Comercio (22 de mayo del 2020) Sector turístico de Ecuador perderá hasta USD 400 millones mensuales por la pandemia. Obtenido de: https://www.elcomercio.com/tendencias/perdidas-sector-turistico-ecuadorcoronavirus.html

Erdem, T., Swait J. (1998), "Brand Equity as a Signaling Phenomenon", Journal of Consumer Psychology, Vol. 7, Núm. 2, 131-158, 243-254.

Fernández, J. (2015). Impulso económico mediante el turismo en África Subsahariana. Estudios de Asia y África, 78-115.

Frutos, Lopez -Roig, Serra Cobo y Devaux (12 de Mayo de 2020) COVID-19: The Conjunction of Events Leading to the Coronavirus Pandemic and Lessons to Learn for Future Threats. Frontiers in Medicine, 223. https://doi.org/10.3389/fmed.2020.00223

Gutiérrez, M. (2021) *El Turismo Rural como Impulso Turístico de la Parroquia Puerto Cayo, Cantón Jipijapa, Provincia de Manabí.* UNESUM. Facultad de Ciencias Económicas.

Hernández, S. (2017). *Metodología de la investigación*. Sexta Edición, México: Editorial McGraw-Hill. Disponible en: https://www.uca.ac.cr/wp-content/uploads/2017/10/Investigacion.pdf

Hernández Ávila CE, Carpio N. Introducción a los tipos de muestreo. Revista ALERTA. 2019; 2(1): 75-79. DOI: https://doi.org/10.5377/alerta.v2i1.7535 Disponible en: https://alerta.salud.gob.sv/wp-content/uploads/2019/04/Revista-ALERTA-Año-2019-Vol.-2-N-1-vf-75-79.pdf

Ivars, Joseph A., 2003: Planificación Turística, España: Síntesis.

Kotler, P. (1995). Marketing: Edición para Latinoamérica. México: Pearson Educational.

López - Roldán, P., & Sandra, F. (2021). *La Encuesta*. Edición electrónica. Texto completo en https://mdx.cat/handle/10503/105303

Mapelli, Giovanna 2008 Las marcas de metadiscurso interpersonal de la sección turismo de los sitios web de los ayuntamientos. En Calvi, MariaVittoria, Mapelli, Giovanna y Santos López, Javier (Eds.), Lingue, culture, economia: comunicazione e pratiche discorsive, Milano, FrancoAngeli, 173-190

Mikery Gutiérrez, Mildred Joselyn, & Pérez-Vázquez, Arturo. (2014). Métodos para el análisis del potencial turístico del territorio rural. Revista mexicana de cienciasagrícolas, 5(spe9),17291740. https://doi.org/10.29312/remexca. v0i9.1060

Monferrer, D. (2013). Fundamentos de marketing. España: UNE.

Ojeda, M. A. (2013). La implicación del usuario en la producción publicitaria. Una reflexión sobre la publicidad espontánea generada por los

usuarios/consumidores. Revista ICONO, 14(1), 303-317. Doi:
10.7195/ri14.v11i1.204

OMT, "Cifras de turistas internacionales". Se puede consultar en
https://www.unwto.org/es/news/covid-19-las-cifras-de-
turistasinternacionales-podrian-caer-un-60-80-en-2020.

Ruiz, R. (2017). Reactivación participativa del espacio público. Culturas,
Revista de gestión cultural, 93-116.

Santesmases, M. (2012). Marketing: Conceptos y Estrategias. Madrid:
Pirámide.

Tajada, S. D. (1974). Los fundamentos del marketing y algunos tipos de
investigación comercial. Madrid: ESIC.

Thomé, H. (2008). Turismo rural y campesinado, una aproximación social desde
la ecología, la cultura y la economía, México. Convergencia, Revista de
Ciencias Sociales.

Valverde Sánchez, R. Y. (2017). Plan de Promoción Turística Para El
Incremento De La Afluencia De Turistas En El Refugio De Vida
Silvestre Laquipampa – Incahuasi. Enero - September 2016.

William Perreault, J. M. (1996). Marketing. México: D.F: Irwin.

World Tourism Organization (20 de enero del 2020) International tourism
growth continues to outpace the global economy. Obtenido de:
https://www.unwto.org/international-tourismgrowth-continues-to-
outpace-the-economy

World Tourism Organization (1 de Abril del 2020) Call for Action for Tourism
COVID-19 Mitigation and Recovery. Obtenido de:

https://webunwto.s3.eu-west1.amazonaws.com/s3fs-public/2020-
05/COVID-19-Tourism-Recovery-TAPackage_8%20May-2020.pdf

World Tourism Organization (Mayo de 2020) UNWTO World Tourism
Barometer May 2020. Special Focus on the impact of COVID-19.
Obtenido de: https://webunwto.s3.eu-west1.amazonaws.com/s3fs-
public/2020-05/Barometer%20-%20May%202020%20- %20Short.pdf

.

Internet

El Turismo Rural como ejemplo de turismo sostenible. Consultado el 16 de febrero
de 2023. Disponible en https://www.ceupe.com/blog/turismo-rural-turismo-
sostenible.html

Turismo Sostenible y Turismo Rural. Consultado el 17 de febrero de 2023.
Disponible en https://www.ceupe.com/blog/turismo-sostenible-y-turismo-
rural.html

Emprendimiento como factor del desarrollo turístico rural sostenible. Consultado el
18 de febrero de 2023. Disponible en
http://scielo.sld.cu/scielo.php?script=sci_arttext&pid=s2306-
91552016000100006

El Turismo Rural Sostenible como una oportunidad de Desarrollo de las pequeñas
comunidades de los Países en Desarrollo. Consultado el 19 de febrero de 2023.
Disponible en https://www.uv.mx/blogs/uvi/2009/01/15/el-turismo-rural-
sostenible-como-una-oportunidad-de-desarrollo-de-las-pequenas-comunidades-de-
los-paises-en-desarrollo/

MIX
Papier aus verantwortungsvollen Quellen
Paper from responsible sources
FSC® C105338
FSC
www.fsc.org